数学运算能力有效提升

天才数学秘籍

〔日〕石川久雄 著　日本认知工学 编　卓扬 译

启发"求同"
"求异"思维，
决胜运算难题

适用于
小学 3 年级
及以上

山东人民出版社

国家一级出版社 全国百佳图书出版单位

图书在版编目（CIP）数据

天才数学秘籍. 启发"求同""求异"思维，决胜运算难题 ／（日）石川久雄著；日本认知工学编；卓扬译.
-- 济南：山东人民出版社，2022.11
ISBN 978-7-209-14029-4

Ⅰ．①天… Ⅱ．①石… ②日… ③卓… Ⅲ．①数学—少儿读物 Ⅳ．①O1-49

中国版本图书馆CIP数据核字(2022)第174476号

山东省版权局著作权合同登记号 图字：15-2022-146

天才数学秘籍·启发"求同""求异"思维，决胜运算难题
TIANCAI SHUXUE MIJI QIFA "QIUTONG" "QIUYI" SIWEI，JUESHENG YUNSUAN NANTI

［日］石川久雄 著 日本认知工学 编 卓扬 译

主管单位 山东出版传媒股份有限公司
出版发行 山东人民出版社
出 版 人 胡长青
社 址 济南市市中区舜耕路517号
邮 编 250003
电 话 总编室 (0531) 82098914
市场部 (0531) 82098027
网 址 http://www.sd-book.com.cn
印 装 固安兰星球彩色印刷有限公司
经 销 新华书店
规 格 24开（182mm×210mm）
印 张 4
字 数 20千字
版 次 2022年11月第1版
印 次 2022年11月第1次
ISBN 978-7-209-14029-4
定 价 380.00元（全10册）
如有印装质量问题，请与出版社总编室联系调换。

目 录

致本书读者

当今社会随着信息化和全球化的高度发展，今后的学生需要面对更多未知的挑战，他们需要具备独自思考和独立判断的能力。这种风潮也影响着教育向多元化发展，比如在一些考试中，就会设置相应的考题考查学生的临场解题能力和思维能力。

迎着多元且复杂化的教育风潮，我们发现许多学生在重视运算能力的同时，反而忽视了应用题的读解能力。特别是遇到新鲜题型的应用题的时候，他们往往束手无策，迅速"投降"。

为什么这些孩子会对应用题感到苦恼呢？这其中的原因可能是题目读不懂、知识点没有掌握、逻辑思维能力不足等等。在本书中，除了上述理由，也将"思维方式"不适应列为原因之一。

那么，"思维方式"对于学习而言具体又是怎样呈现的呢？

其中，具有代表性的思维方式有"发散思维"和"聚合思维"。前者是根据已有的信息，沿着不同的方向去思考，进行信息重组并产生新信息的思维方式。发散思维是创造力的主要标志之一；后者是从已知信息中产生逻辑结论，探求一个正确答案的思维方式。

本书在进行数阵脑力游戏的练习时，也需要学生具备这两种思维方式。换言之，当游戏中需要找到符合条件的所有数字时，就是利用了"①求异思维（发散思维）"；反之，当游戏中需要找到符合全部条件的数字时，就是利用了"②求同思维（聚合思维）"。

接下来，我们将以具体的例子来说明。比如，请写出满足 A、B 两项条件的数：A 是"大于 0 小于 10 的偶数"，B 是"10 以内 3 的倍数"。

首先，利用"求异思维"可知，符合 A 条件的数有"2、4、6、8"，符合 B 条件的数有"3、6、9"。然后利用"求同思维"可知，同时满足 A、B 两项条件的数是"6"。

具备"求异思维"和"求同思维"的学生，即使遇到新鲜的问题，也会试着通过发散、聚合的"思维方式"自己解题，其成功率并不低。

而对于那些还没有形成"思维方式"的学生来说，分析应用题的各类条件，并从中提取关键信息，的确有一定的难度。他们需要充足的时间去练习思考。

在本书的数阵脑力游戏中，会给大家列出横式和竖式，它们分别代表条件 A 和 B。这些条件都是简单的算式，因此给到孩子的思考时间是非常充裕的。降低条件理解的门槛，也是为了更好地培养孩子的"思维方式"。掌握了相应的"思维方式"，那么学生在今后如果遇到难题，也会有寻找解题之法的动力和信心。与此同时，数阵脑力游戏也会涉及到排列、因数等知识点的运算，因此本书也有助于提升学生的运算能力，特别是对整数的敏感度。

话不多说，欢迎您和孩子加入到这场欢乐的数阵脑力游戏中。

本书使用指南

1. 在游戏开始之前，请家长确认好孩子是否正确理解游戏规则。

2. 本书适用于小学 3 年级及以上的学生，不过仅涉及"加法·减法"的问题也可适用于小学 1 年级和 2 年级的学生。这些同学可以先完成能理解的部分，等到学习了"乘法·除法"之后，再来挑战。

3. 玩转游戏的策略有很多种，只有当孩子亲自发掘这些诀窍的时候，才会事半功倍。希望家长静待花开，不要灌输解题技巧，否则将失去游戏的意义。在脑力游戏中，孩子需要利用"求异思维"和"求同思维"这两种思维方式，找到符合条件的数字，这其中的"过程"比答案更加重要。

4. 对于那些不能马上找出思路的问题，可以先放一放。过个几天甚至是一个月后再来挑战，也许会收到意想不到的效果哦。

5. 请家长在第一时间判断解答是否正确，并给孩子及时反馈和对错误做出改正，这有助于保持他们的学习动力。

6. 本书卷末附有答案。在游戏结束之后，核对答案的环节建议由家长进行。如果让孩子看到答案，会影响他开启思路。

7. 家长也可以选择提前剪下答案，进行保管。

例题

请按照游戏规则，在下表填入适当的数字。

[1~5]

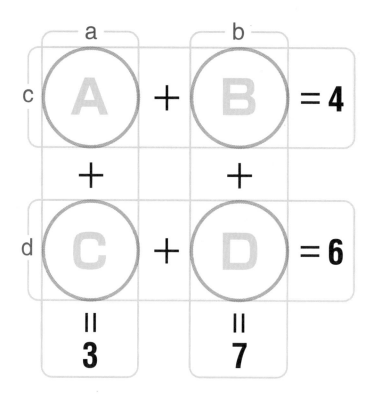

✏️ 游戏规则 ①〇中的数字只能从〔〕中来选择。
②同一个数字只能使用一次。
③竖式、横式需要同时成立。

例题的解题方法

1 a、b、c、d 代表 4 组算式，首先我们来想一想数字的排列。

    a 有 2 种情况：1 + 2，2 + 1　　　①
    b 有 4 种情况：2 + 5，3 + 4，4 + 3，5 + 2
    c 有 2 种情况：1 + 3，3 + 1　　　②
    d 有 4 种情况：1 + 5，2 + 4，4 + 2，5 + 1

2 在 a、b、c、d 这 4 组算式中，我们首先从排列种类较少的 a、c 开始观察。假设 a、c 拥有公共元素 A。
从 **1** 的①可知 A 等于 1 或 2，
    从②可知 A 等于 1 或 3。
要想 a、c 同时成立，A 就要等于 1。
可得，A = 1。

3 将 A 代入 a 的算式，可得 1 + C = 3，即 C = 2；
将 A 代入 c 的算式，可得 1 + B = 4，即 B = 3。

4 将 B 代入 b 的算式，可得 3 + D = 7，即 D = 4。
经过验证，d 的算式 2 + 4 = 6 成立。
可知，a、b、c、d 这 4 组算式同时成立。
因此，答案为 A = 1，B = 3，C = 2，D = 4。
明白了解题方法，我们就开始初级篇的挑战吧。

9

初级篇

首先从加法减法入手，
大家不要看答案，
先玩起来吧。

请按照游戏规则，在下表填入适当的数字。

→答案在第84页

[1~9]

$$\bigcirc + \bigcirc = 3$$

$$+ \quad\quad +$$

$$\bigcirc + \bigcirc = 9$$

$$\| \quad\quad\quad \|$$

4   8

✏️ 游戏规则 ①〇中的数字只能从 [ ] 中来选择。

②同一个数字只能使用一次。

③竖式、横式需要同时成立。

请按照游戏规则，在下表填入适当的数字。

→答案在第84页

[4，5，6，7，8，9]

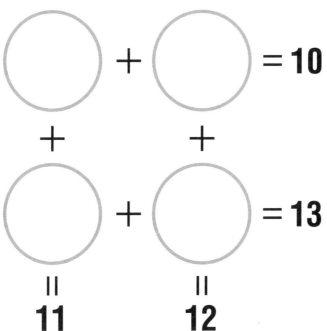

不要提前翻看答案哟！

✎ 游戏规则　①○中的数字只能从 [ ] 中来选择。
　　　　　　②同一个数字只能使用一次。
　　　　　　③竖式、横式需要同时成立。

初级
加法
3

请按照游戏规则，在下表填入适当的数字。

→答案在第 84 页

[2，3，4，5，6，7，8，9]

$\bigcirc + \bigcirc = 5$

$+ \quad +$

$\bigcirc + \bigcirc = 13$

$\| \qquad \|$

$6 \qquad 12$

✏️ 游戏规则　①〇中的数字只能从 [ ] 中来选择。

②同一个数字只能使用一次。

③竖式、横式需要同时成立。

请按照游戏规则，在下表填入适当的数字。

→答案在第 84 页

[1，3，5，7，9]

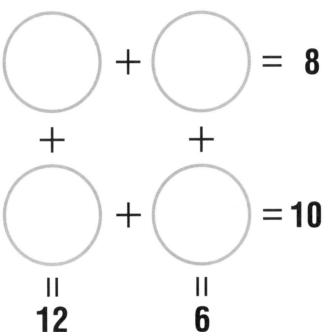

○ + ○ = 8

○ + ○ = 10

= 12   = 6

✎ 游戏规则　①○中的数字只能从 [ ] 中来选择。
②同一个数字只能使用一次。
③竖式、横式需要同时成立。

不要提前翻
看答案哟！

初级
加法
5

请按照游戏规则，在下表填入适当的数字。

→答案在第84页

[1~9]

$$\bigcirc + \bigcirc = 14$$
$$+ \quad +$$
$$\bigcirc + \bigcirc = 8$$
$$\| \qquad \|$$
$$6 \qquad 16$$

✏️ 游戏规则　①〇中的数字只能从 [ ] 中来选择。
　　　　　　②同一个数字只能使用一次。
　　　　　　③竖式、横式需要同时成立。

初级
加法
6

请按照游戏规则，在下表填入适当的数字。

→答案在第84页

[**1，2，3，4，6，7，9**]

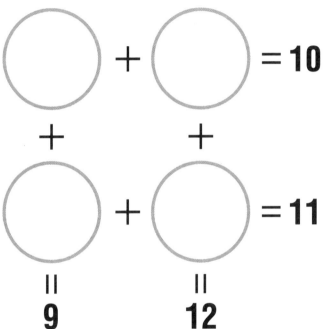

✏️ 游戏规则　①〇中的数字只能从 [ ] 中来选择。
　　　　　　②同一个数字只能使用一次。
　　　　　　③竖式、横式需要同时成立。

不要提前翻看答案哟!

请按照游戏规则，在下表填入适当的数字。

→答案在第 85 页

[1，2，3，4，5，6，7，10，12，14]

◯ + ◯ = **14**

+   +

◯ + ◯ = **15**

‖   ‖

12   **17**

🖊 游戏规则　①◯中的数字只能从 [ ] 中来选择。
　　　　　　②同一个数字只能使用一次。
　　　　　　③竖式、横式需要同时成立。

初级
加法
8

请按照游戏规则，在下表填入适当的数字。

→答案在第85页

[7，8，9，10，11，12，13，15]

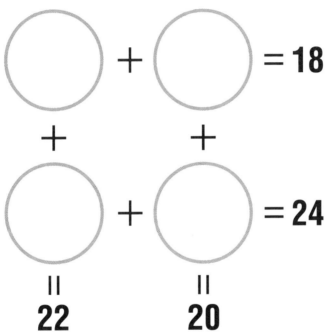

$$\bigcirc + \bigcirc = 18$$
$$+ \quad\quad +$$
$$\bigcirc + \bigcirc = 24$$
$$\| \quad\quad \|$$
$$22 \quad\quad 20$$

✏️ 游戏规则 ①〇中的数字只能从 [ ] 中来选择。
②同一个数字只能使用一次。
③竖式、横式需要同时成立。

不要提前翻看答案哟！

初级
加法
9

请按照游戏规则，在下表填入适当的数字。

→答案在第 85 页

[1，2，4，5，6，7，8，9]

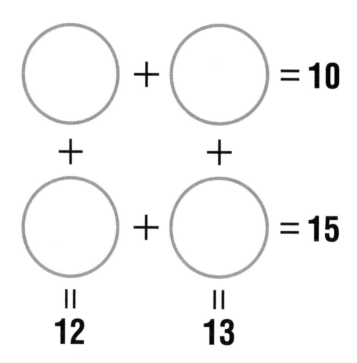

$$\bigcirc + \bigcirc = 10$$
$$+ \qquad +$$
$$\bigcirc + \bigcirc = 15$$
$$\| \qquad \|$$
$$12 \qquad 13$$

✏️ 游戏规则　①〇中的数字只能从 [ ] 中来选择。
　　　　　　②同一个数字只能使用一次。
　　　　　　③竖式、横式需要同时成立。

20

请按照游戏规则，在下表填入适当的数字。

→答案在第85页

[5，6，7，8，9，15，17，18，19]

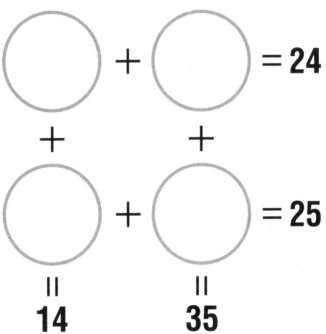

接下来是
加法·减法啦！

✎ 游戏规则　①〇中的数字只能从 [ ] 中来选择。
　　　　　　②同一个数字只能使用一次。
　　　　　　③竖式、横式需要同时成立。

请按照游戏规则，在下表填入适当的数字。

→答案在第 85 页

[1~9]

$$\bigcirc - \bigcirc = 2$$

$$+ \qquad +$$

$$\bigcirc - \bigcirc = 5$$

$$\parallel \qquad \parallel$$

$$16 \qquad 9$$

🖊 游戏规则　①〇中的数字只能从 [ ] 中来选择。

②同一个数字只能使用一次。

③竖式、横式需要同时成立。

请按照游戏规则，在下表填入适当的数字。

→答案在第85页

[**1，2，3，5，6，7，8，9**]

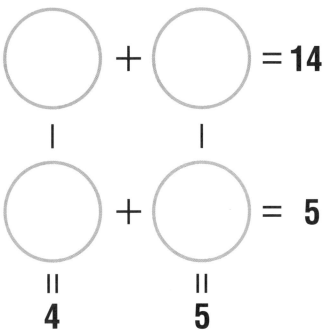

不要提前翻看答案哟!

✎ 游戏规则　①〇中的数字只能从［］中来选择。
　　　　　　②同一个数字只能使用一次。
　　　　　　③竖式、横式需要同时成立。

请按照游戏规则，在下表填入适当的数字。

→答案在第86页

[1，2，3，5，6，7，9]

$$\bigcirc + \bigcirc = 13$$

$$\bigcirc + \bigcirc = 8$$

$$= 4 \qquad = 1$$

✎ 游戏规则　①〇中的数字只能从［］中来选择。

　　　　　　②同一个数字只能使用一次。

　　　　　　③竖式、横式需要同时成立。

初级
加法・减法
4

请按照游戏规则，在下表填入适当的数字。

→答案在第 86 页

[**1~9**]

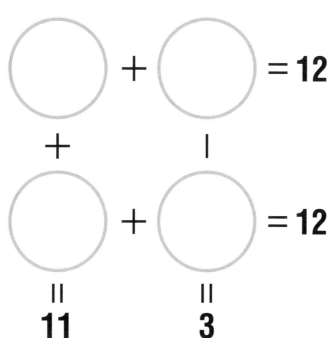

不要提前翻看答案哟！

✏️ 游戏规则
①〇中的数字只能从 [ ] 中来选择。
②同一个数字只能使用一次。
③竖式、横式需要同时成立。

请按照游戏规则，在下表填入适当的数字。

→答案在第86页

[10~20]

$$\bigcirc + \bigcirc = 36$$

$$+ \quad\quad -$$

$$\bigcirc - \bigcirc = 6$$

$$=\quad\quad\quad =$$

$$34 \quad\quad\quad 8$$

✏️ 游戏规则　①〇中的数字只能从 [ ] 中来选择。

②同一个数字只能使用一次。

③竖式、横式需要同时成立。

请按照游戏规则，在下表填入适当的数字。

→答案在第86页

[**1~20**]

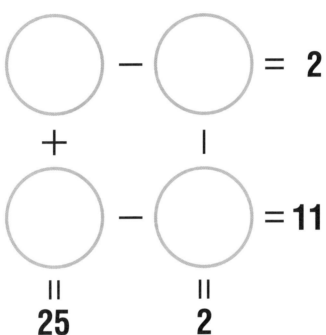

不要提前翻看答案哟！

✏️ 游戏规则　①○中的数字只能从 [ ] 中来选择。
②同一个数字只能使用一次。
③竖式、横式需要同时成立。

初级
加法・减法
7

请按照游戏规则，在下表填入适当的数字。

[1~20]

$$\bigcirc - \bigcirc = 7$$

| |
|

$$\bigcirc + \bigcirc = 12$$

= =
13 **4**

✏️ 游戏规则 ①〇中的数字只能从 [ ] 中来选择。

②同一个数字只能使用一次。

③竖式、横式需要同时成立。

请按照游戏规则，在下表填入适当的数字。

→答案在第86页

[**1~20**]

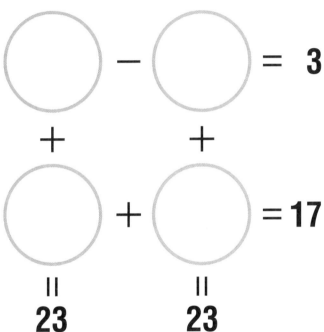

不要提前翻
看答案哟！

✎ 游戏规则　①〇中的数字只能从［ ］中来选择。
②同一个数字只能使用一次。
③竖式、横式需要同时成立。

请按照游戏规则，在下表填入适当的数字。

→答案在第 87 页

[1~20]

$$\bigcirc + \bigcirc = 23$$

$$| \qquad +$$

$$\bigcirc + \bigcirc = 21$$

$$\| \qquad \|$$

$$11 \qquad 17$$

✏️ 游戏规则　①〇中的数字只能从 [ ] 中来选择。

　　　　　　②同一个数字只能使用一次。

　　　　　　③竖式、横式需要同时成立。

请按照游戏规则，在下表填入适当的数字。

→答案在第87页

[1~20]

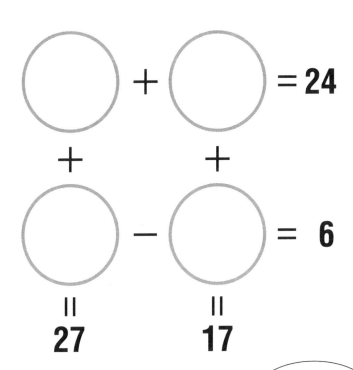

⃝ + ⃝ = 24

⃝ − ⃝ = 6

= 27   = 17

做得很棒，
给你点个赞！

🖊 游戏规则 ①○中的数字只能从 [ ]中来选择。

②同一个数字只能使用一次。

③竖式、横式需要同时成立。

请按照游戏规则，在下表填入适当的数字。

→答案在第87页

[1~9]

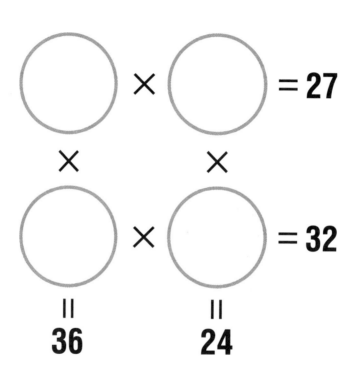

✎ 游戏规则　①○中的数字只能从［　］中来选择。
　　　　　　　②同一个数字只能使用一次。
　　　　　　　③竖式、横式需要同时成立。

请按照游戏规则，在下表填入适当的数字。

→答案在第 87 页

[**1~9**]

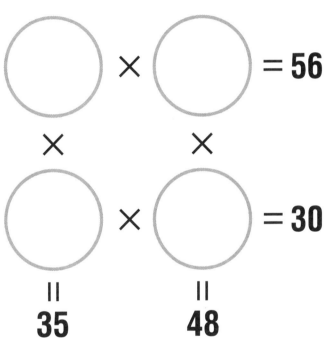

✎ 游戏规则　①〇中的数字只能从［　］中来选择。

②同一个数字只能使用一次。

③竖式、横式需要同时成立。

请按照游戏规则，在下表填入适当的数字。

→答案在第87页

[1~9]

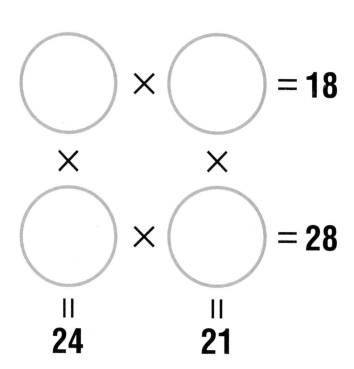

✎ 游戏规则 ①〇中的数字只能从 [ ] 中来选择。
②同一个数字只能使用一次。
③竖式、横式需要同时成立。

请按照游戏规则，在下表填入适当的数字。

→答案在第87页

[**1~20**]

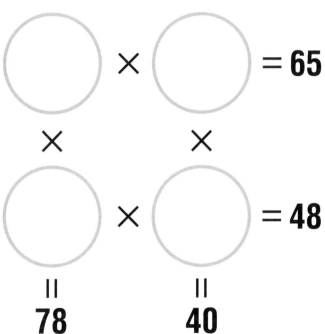

$$\bigcirc \times \bigcirc = 65$$
$$\times \qquad \times$$
$$\bigcirc \times \bigcirc = 48$$
$$= \qquad =$$
$$78 \qquad 40$$

不要提前翻看答案哟！

✎ 游戏规则 ①〇中的数字只能从 [ ] 中来选择。
②同一个数字只能使用一次。
③竖式、横式需要同时成立。

请按照游戏规则，在下表填入适当的数字。

→答案在第88页

[1~30]

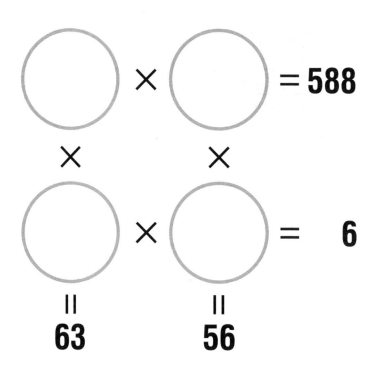

✏️ 游戏规则　①〇中的数字只能从[ ]中来选择。
　　　　　　②同一个数字只能使用一次。
　　　　　　③竖式、横式需要同时成立。

中级
乘法
6

请按照游戏规则，在下表填入适当的数字。

→答案在第88页

[1~20]

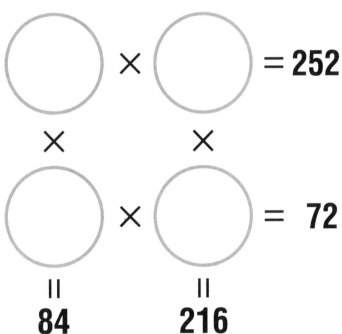

🖊️ 游戏规则　①〇中的数字只能从 [ ] 中来选择。
　　　　　　　②同一个数字只能使用一次。
　　　　　　　③竖式、横式需要同时成立。

请按照游戏规则，在下表填入适当的数字。

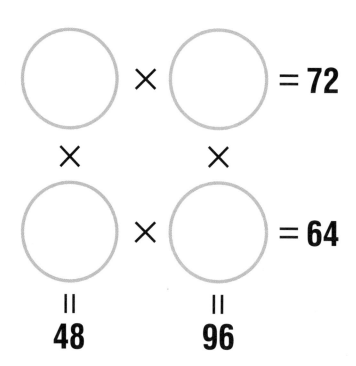

→答案在第88页

✏️ 游戏规则 ①〇中的数字只能从［］中来选择。
②同一个数字只能使用一次。
③竖式、横式需要同时成立。

中级
乘法
8

请按照游戏规则，在下表填入适当的数字。

→答案在第88页

[1~30]

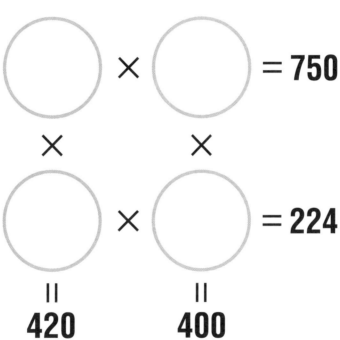

$$\bigcirc \times \bigcirc = 750$$
$$\times \qquad \times$$
$$\bigcirc \times \bigcirc = 224$$
$$\parallel \qquad \parallel$$
$$420 \qquad 400$$

不要提前翻看答案哟！

✎ 游戏规则 ①〇中的数字只能从 [ ] 中来选择。
②同一个数字只能使用一次。
③竖式、横式需要同时成立。

请按照游戏规则，在下表填入适当的数字。

→答案在第88页

[1~30]

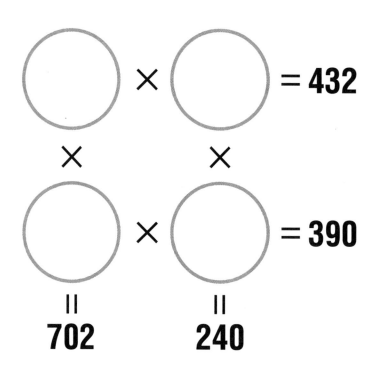

✎ 游戏规则 ①〇中的数字只能从 [ ] 中来选择。

②同一个数字只能使用一次。

③竖式、横式需要同时成立。

请按照游戏规则，在下表填入适当的数字。

→答案在第88页

[10~30]

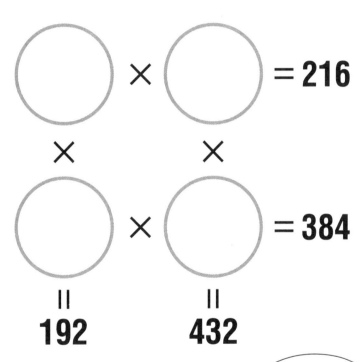

$$\bigcirc \times \bigcirc = 216$$
$$\times \qquad \times$$
$$\bigcirc \times \bigcirc = 384$$
$$= \qquad\quad =$$
$$192 \qquad 432$$

做出这道题的
你真厉害！

✎ 游戏规则　①〇中的数字只能从 [ ] 中来选择。
　　　　　　②同一个数字只能使用一次。
　　　　　　③竖式、横式需要同时成立。

请按照游戏规则，在下表填入适当的数字。

→答案在第 89 页

[1~9]

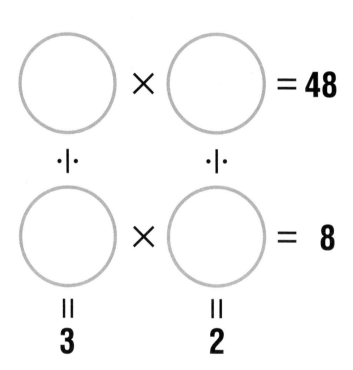

✏️ 游戏规则　①○中的数字只能从［ ］中来选择。

②同一个数字只能使用一次。

③竖式、横式需要同时成立。

中级
乘法·除法
2

请按照游戏规则，在下表填入适当的数字。

→答案在第 89 页

[**1~9**]

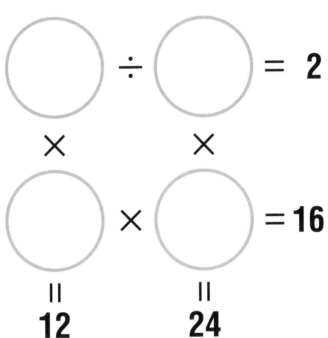

不要提前翻看答案哟!

✏ 游戏规则　① 〇中的数字只能从 [ ] 中来选择。
　　　　　　② 同一个数字只能使用一次。
　　　　　　③ 竖式、横式需要同时成立。

请按照游戏规则，在下表填入适当的数字。

→答案在第89页

[1~20]

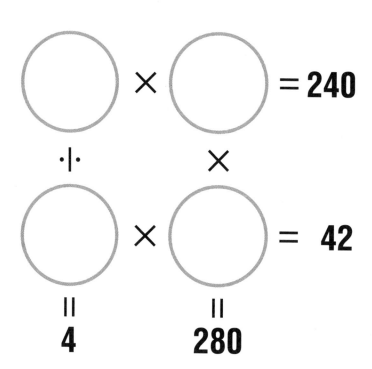

✏️ 游戏规则 ①〇中的数字只能从[ ]中来选择。
②同一个数字只能使用一次。
③竖式、横式需要同时成立。

请按照游戏规则，在下表填入适当的数字。

→答案在第89页

[**1~30**]

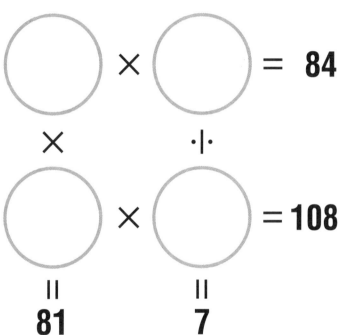

$$\bigcirc \times \bigcirc = 84$$

✏️ 游戏规则 ①〇中的数字只能从 [ ] 中来选择。

②同一个数字只能使用一次。

③竖式、横式需要同时成立。

请按照游戏规则，在下表填入适当的数字。

→答案在第 89 页

[1~50]

$$\bigcirc \div \bigcirc = 2$$

$$\times \qquad \div$$

$$\bigcirc \times \bigcirc = 91$$

$$= \qquad =$$

$$364 \qquad 2$$

✎ 游戏规则　①〇中的数字只能从 [ ] 中来选择。
　　　　　　②同一个数字只能使用一次。
　　　　　　③竖式、横式需要同时成立。

请按照游戏规则，在下表填入适当的数字。

→答案在第89页

[1~50]

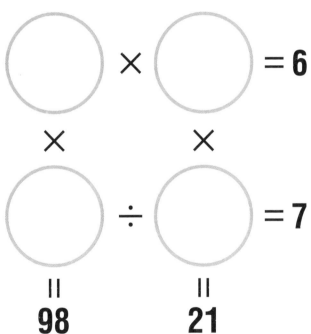

$$\bigcirc \times \bigcirc = 6$$
$$\times \qquad \times$$
$$\bigcirc \div \bigcirc = 7$$
$$= \qquad =$$
$$98 \qquad 21$$

不要提前翻看答案哟！

✎ 游戏规则　①〇中的数字只能从 [ ] 中来选择。
　　　　　　②同一个数字只能使用一次。
　　　　　　③竖式、横式需要同时成立。

请按照游戏规则，在下表填入适当的数字。

→答案在第 90 页

[1~50]

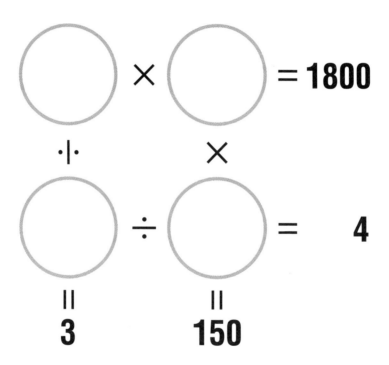

✎ 游戏规则 ①○中的数字只能从 [ ] 中来选择。
②同一个数字只能使用一次。
③竖式、横式需要同时成立。

请按照游戏规则，在下表填入适当的数字。

→答案在第 90 页

[1~50]

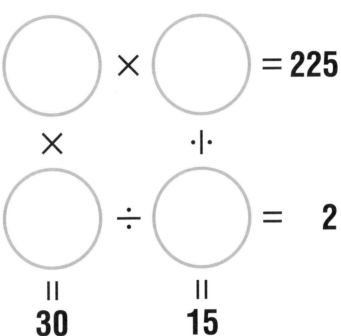

不要提前翻看答案哟！

✎ 游戏规则　①〇中的数字只能从 [ ] 中来选择。
②同一个数字只能使用一次。
③竖式、横式需要同时成立。

中级
乘法·除法
9

请按照游戏规则，在下表填入适当的数字。

→答案在第 90 页

[1~50]

$$\bigcirc \div \bigcirc = 13$$
$$\times \qquad \times$$
$$\bigcirc \div \bigcirc = 3$$

$$\| \qquad \|$$
$$819 \qquad 21$$

✎ 游戏规则 ① ○中的数字只能从 [ ] 中来选择。
② 同一个数字只能使用一次。
③ 竖式、横式需要同时成立。

请按照游戏规则，在下表填入适当的数字。

→答案在第 90 页

[1~40]

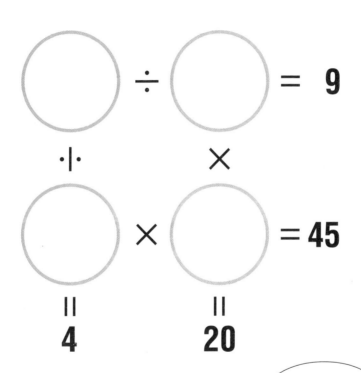

🖉 游戏规则　①〇中的数字只能从 [ ] 中来选择。

②同一个数字只能使用一次。

③竖式、横式需要同时成立。

还有最后一部分，加油！

请按照游戏规则，在下表填入适当的数字。

→答案在第 90 页

[1~9]

$$\bigcirc \times \bigcirc = 18$$

$$\div \qquad +$$

$$\bigcirc - \bigcirc = 2$$

$$\| \qquad \|$$

$$3 \qquad 3$$

✎ 游戏规则　①〇中的数字只能从 [ ] 中来选择。
　　　　　　②同一个数字只能使用一次。
　　　　　　③竖式、横式需要同时成立。

请按照游戏规则，在下表填入适当的数字。

→答案在第 90 页

[1~9]

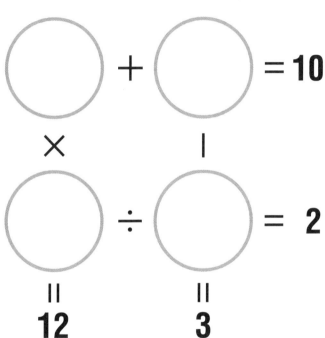

不要提前翻看答案哟！

🖊 游戏规则　①〇中的数字只能从 [ ] 中来选择。
　　　　　　②同一个数字只能使用一次。
　　　　　　③竖式、横式需要同时成立。

请按照游戏规则，在下表填入适当的数字。

→答案在第91页

[**1~20**]

$$\bigcirc - \bigcirc = 3$$

$$\times \qquad \div$$

$$\bigcirc + \bigcirc = 11$$

$$\parallel \qquad \parallel$$

$$108 \qquad 3$$

✏️ 游戏规则 ① ○中的数字只能从 [ ] 中来选择。
②同一个数字只能使用一次。
③竖式、横式需要同时成立。

请按照游戏规则，在下表填入适当的数字。

→答案在第 91 页

[1~20]

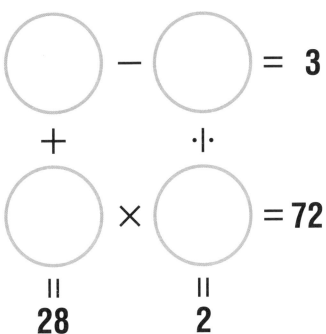

不要提前翻看答案哟!

✐ 游戏规则　①〇中的数字只能从 [ ] 中来选择。
②同一个数字只能使用一次。
③竖式、横式需要同时成立。

请按照游戏规则，在下表填入适当的数字。

→答案在第 91 页

[**1~20**]

$$\bigcirc \div \bigcirc = 2$$

$$-\qquad\qquad \times$$

$$\bigcirc + \bigcirc = 16$$

$$=\qquad\qquad =$$

$$\mathbf{5}\qquad\qquad\quad \mathbf{54}$$

✏️ 游戏规则　①〇中的数字只能从 [ ] 中来选择。

②同一个数字只能使用一次。

③竖式、横式需要同时成立。

请按照游戏规则，在下表填入适当的数字。

→答案在第 91 页

[**1~50**]

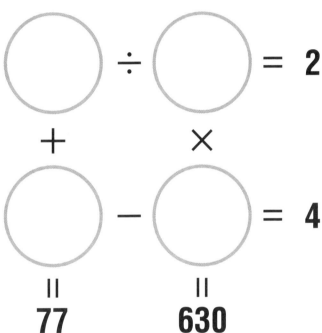

$$○ \div ○ = 2$$
$$+ \qquad \times$$
$$○ - ○ = 4$$
$$= \qquad =$$
$$77 \qquad 630$$

不要提前翻看答案哟！

🖊 游戏规则　①○中的数字只能从 [ ] 中来选择。
　　　　　　②同一个数字只能使用一次。
　　　　　　③竖式、横式需要同时成立。

请按照游戏规则，在下表填入适当的数字。

→答案在第 91 页

[1~50]

$$\bigcirc \div \bigcirc = 10$$

$$\times \qquad +$$

$$\bigcirc - \bigcirc = 4$$

$$=$$

$$500 \qquad 11$$

✎ 游戏规则　①〇中的数字只能从［］中来选择。
　　　　　　②同一个数字只能使用一次。
　　　　　　③竖式、横式需要同时成立。

请按照游戏规则，在下表填入适当的数字。

→答案在第 91 页

[1~50]

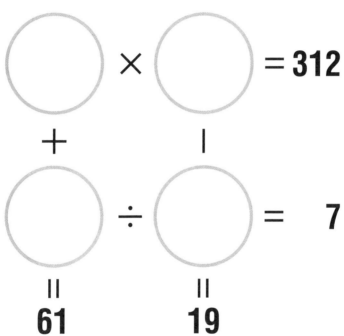

不要提前翻看答案哟!

🖊 游戏规则　①〇中的数字只能从 [ ] 中来选择。
　　　　　　②同一个数字只能使用一次。
　　　　　　③竖式、横式需要同时成立。

请按照游戏规则，在下表填入适当的数字。

→答案在第 92 页

[1~100]

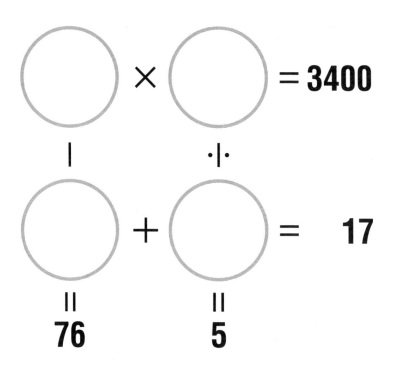

✎ 游戏规则 ①○中的数字只能从［］中来选择。
② 同一个数字只能使用一次。
③ 竖式、横式需要同时成立。

请按照游戏规则，在下表填入适当的数字。

→答案在第 92 页

[1~100]

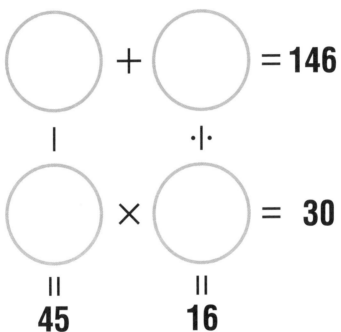

○ + ○ = 146

| | ·|·

○ × ○ = 30

= =

45   **16**

棒极了，中级篇完成！

✎ 游戏规则　①○中的数字只能从 [ ] 中来选择。

②同一个数字只能使用一次。

③竖式、横式需要同时成立。

请按照游戏规则，在下表填入适当的数字。

→答案在第92页

[1~9]

○ + ○ + ○ = 6

+   +   +

○ + ○ + ○ = 15

‖   ‖   ‖

7   5   9

✏️ 游戏规则 ① ○中的数字只能从 [ ] 中来选择。

②同一个数字只能使用一次。

③竖式、横式需要同时成立。

请按照游戏规则，在下表填入适当的数字。

→答案在第 92 页

[1~9]

○ + ○ + ○ = **12**

+   +   +

○ + ○ + ○ = **22**

‖   ‖   ‖

10   **7**   **17**

不要提前翻看答案哟！

✎ 游戏规则　①○中的数字只能从 [ ] 中来选择。
　　　　　　②同一个数字只能使用一次。
　　　　　　③竖式、横式需要同时成立。

高级
加法
3

请按照游戏规则，在下表填入适当的数字。

→答案在第92页

[1~9]

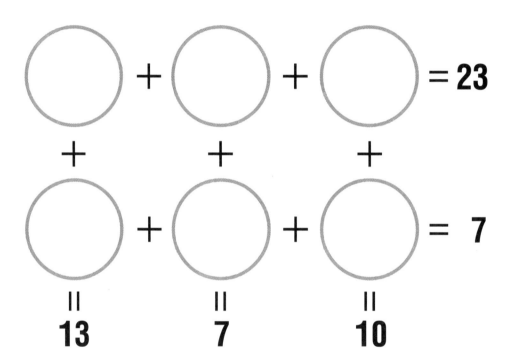

✏️ 游戏规则　①○中的数字只能从 [ ] 中来选择。
　　　　　　②同一个数字只能使用一次。
　　　　　　③竖式、横式需要同时成立。

高级
加法
4

请按照游戏规则，在下表填入适当的数字。

→答案在第 92 页

[**1~9**]

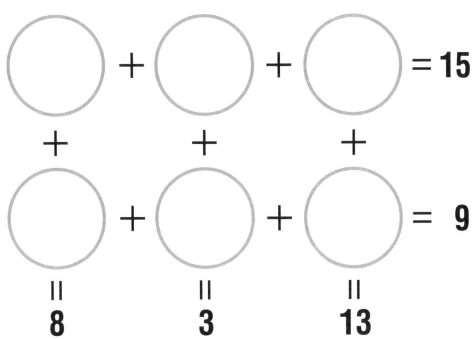

不要提前翻看答案哟!

✏️ **游戏规则** ①〇中的数字只能从 [ ] 中来选择。
②同一个数字只能使用一次。
③竖式、横式需要同时成立。

请按照游戏规则，在下表填入适当的数字。

→答案在第 93 页

[1~9]

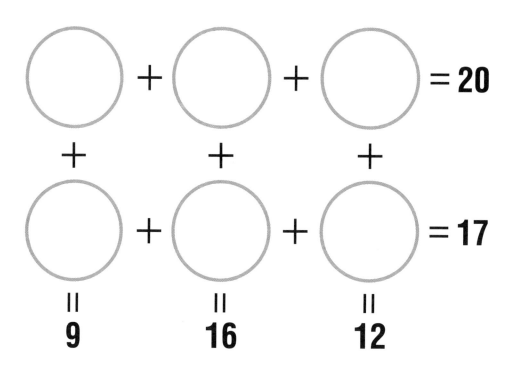

✎ 游戏规则　① ○中的数字只能从 [ ] 中来选择。
　　　　　　② 同一个数字只能使用一次。
　　　　　　③ 竖式、横式需要同时成立。

请按照游戏规则，在下表填入适当的数字。

→答案在第 93 页

[1~9]

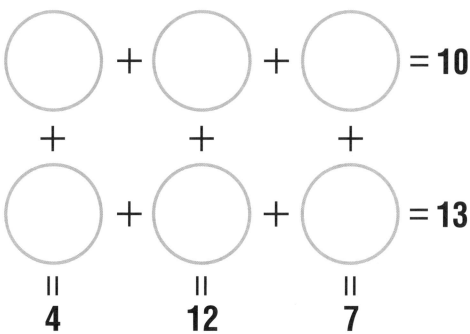

不要提前翻
看答案哟！

✏️ 游戏规则　①〇中的数字只能从 [ ] 中来选择。

　　　　　　②同一个数字只能使用一次。

　　　　　　③竖式、横式需要同时成立。

请按照游戏规则，在下表填入适当的数字。

→答案在第 93 页

[1~20]

( ) + ( ) + ( ) = 18

+   +   +

( ) + ( ) + ( ) = 27

=   =   =

7   4   34

✏️ 游戏规则   ① ○ 中的数字只能从 [ ] 中来选择。

② 同一个数字只能使用一次。

③ 竖式、横式需要同时成立。

高级
加法
8

请按照游戏规则，在下表填入适当的数字。

→答案在第 93 页

[1~20]

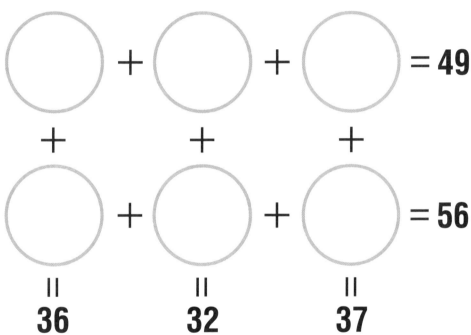

○ + ○ + ○ = 49

+   +   +

○ + ○ + ○ = 56

‖   ‖   ‖

36   32   37

不要提前翻看答案哟！

✎ 游戏规则　①○中的数字只能从 [ ] 中来选择。

②同一个数字只能使用一次。

③竖式、横式需要同时成立。

请按照游戏规则，在下表填入适当的数字。

→答案在第 94 页

[1~9]

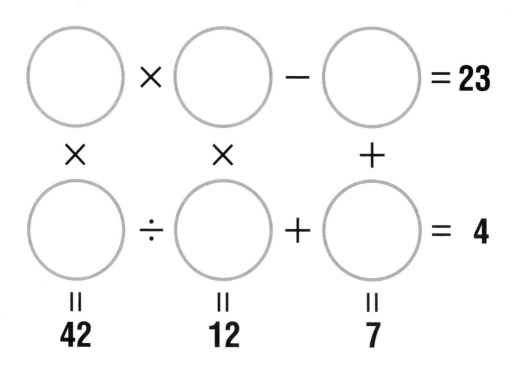

○ × ○ − ○ = 23
×　　×　　+
○ ÷ ○ + ○ = 4
‖　　‖　　‖
42　　12　　7

✎ 游戏规则　①○中的数字只能从 [ ] 中来选择。
　　　　　　②同一个数字只能使用一次。
　　　　　　③竖式、横式需要同时成立。

请按照游戏规则，在下表填入适当的数字。

→答案在第 94 页

[1~9]

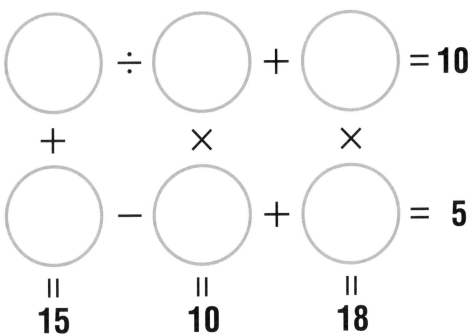

不要提前翻
看答案哟！

✎ 游戏规则　①〇中的数字只能从［ ］中来选择。
　　　　　　②同一个数字只能使用一次。
　　　　　　③竖式、横式需要同时成立。

请按照游戏规则，在下表填入适当的数字。

→答案在第 94 页

[1~9]

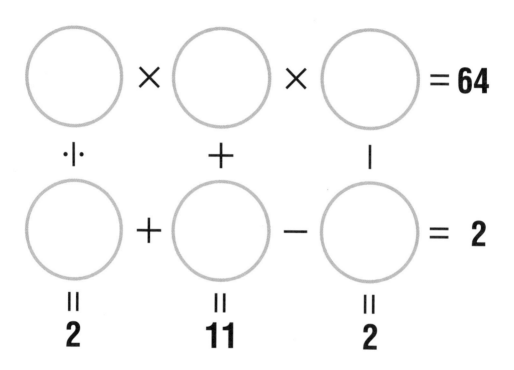

✏️ 游戏规则 ① ○中的数字只能从 [ ] 中来选择。
② 同一个数字只能使用一次。
③ 竖式、横式需要同时成立。

请按照游戏规则，在下表填入适当的数字。

→答案在第 94 页

[1~20]

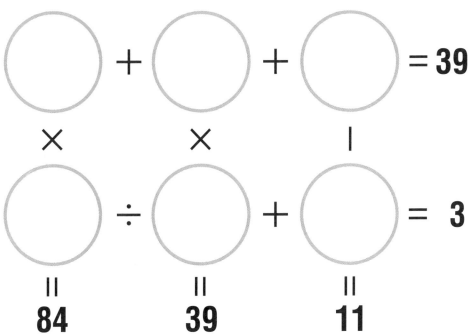

不要提前翻看答案哟!

✎ 游戏规则　①〇中的数字只能从 [ ] 中来选择。
　　　　　　②同一个数字只能使用一次。
　　　　　　③竖式、横式需要同时成立。

请按照游戏规则，在下表填入适当的数字。

→答案在第95页

[1~9]

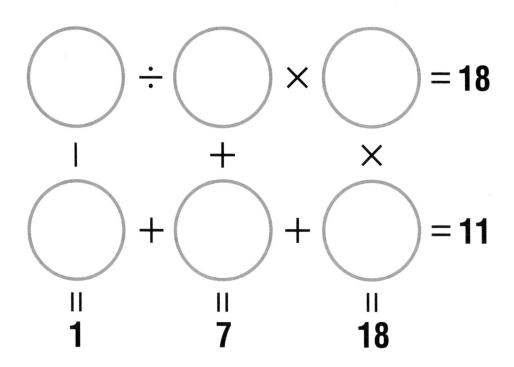

✏️ 游戏规则 ①〇中的数字只能从 [ ] 中来选择。
②同一个数字只能使用一次。
③竖式、横式需要同时成立。

请按照游戏规则，在下表填入适当的数字。

→答案在第 95 页

[**1~20**]

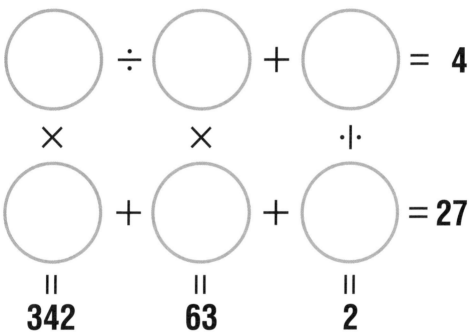

$$\bigcirc \div \bigcirc + \bigcirc = 4$$

$\times \quad\quad \times \quad\quad \div$

$$\bigcirc + \bigcirc + \bigcirc = 27$$

$= 342 \quad\quad = 63 \quad\quad = 2$

不要提前翻看答案哟!

📝 游戏规则　①〇中的数字只能从 [ ] 中来选择。
②同一个数字只能使用一次。
③竖式、横式需要同时成立。

请按照游戏规则，在下表填入适当的数字。

→答案在第 95 页

[1~20]

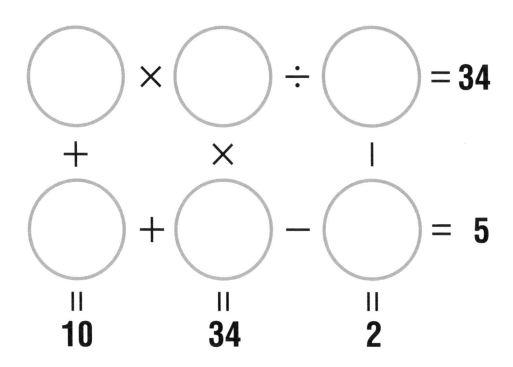

✏️ 游戏规则 ①〇中的数字只能从 [ ] 中来选择。

②同一个数字只能使用一次。

③竖式、横式需要同时成立。

请按照游戏规则，在下表填入适当的数字。

→答案在第 95 页

[1~20]

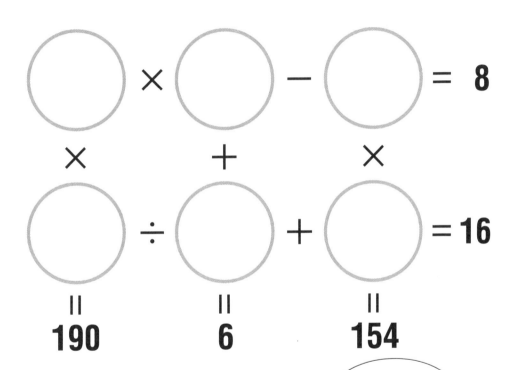

全部完成，夸一夸
优秀的自己吧！

✎ 游戏规则 ①○中的数字只能从 [ ] 中来选择。
②同一个数字只能使用一次。
③竖式、横式需要同时成立。

$$1 + 2 = 3$$
$$+ \quad +$$
$$3 + 6 = 9$$
$$= \quad =$$
$$4 \quad 8$$

$$6 + 4 = 10$$
$$+ \quad +$$
$$5 + 8 = 13$$
$$= \quad =$$
$$11 \quad 12$$

$$2 + 3 = 5$$
$$+ \quad +$$
$$4 + 9 = 13$$
$$= \quad =$$
$$6 \quad 12$$

$$3 + 5 = 8$$
$$+ \quad +$$
$$9 + 1 = 10$$
$$= \quad =$$
$$12 \quad 6$$

$$5 + 9 = 14$$
$$+ \quad +$$
$$1 + 7 = 8$$
$$= \quad =$$
$$6 \quad 16$$

$$7 + 3 = 10$$
$$+ \quad +$$
$$2 + 9 = 11$$
$$= \quad =$$
$$9 \quad 12$$

$$2 + 12 = 14$$
$$+ \qquad +$$
$$10 + 5 = 15$$
$$\| \qquad \|$$
$$12 \qquad 17$$

$$7 + 11 = 18$$
$$+ \qquad +$$
$$15 + 9 = 24$$
$$\| \qquad \|$$
$$22 \qquad 20$$

$$4 + 6 = 10$$
$$+ \qquad +$$
$$8 + 7 = 15$$
$$\| \qquad \|$$
$$12 \qquad 13$$

$$6 + 18 = 24$$
$$+ \qquad +$$
$$8 + 17 = 25$$
$$\| \qquad \|$$
$$14 \qquad 35$$

$$7 - 5 = 2$$
$$+ \qquad +$$
$$9 - 4 = 5$$
$$\| \qquad \|$$
$$16 \qquad 9$$

$$6 + 8 = 14$$
$$- \qquad -$$
$$2 + 3 = 5$$
$$\| \qquad \|$$
$$4 \qquad 5$$

$$7 + 6 = 13$$
$$|\quad\quad|$$
$$3 + 5 = 8$$
$$=\quad\quad=$$
$$4 \quad\quad 1$$

$$4 + 8 = 12$$
$$+\quad\quad|$$
$$7 + 5 = 12$$
$$=\quad\quad=$$
$$11 \quad\quad 3$$

$$16 + 20 = 36$$
$$+\quad\quad|$$
$$18 - 12 = 6$$
$$=\quad\quad=$$
$$34 \quad\quad 8$$

$$9 - 7 = 2$$
$$+\quad\quad|$$
$$16 - 5 = 11$$
$$=\quad\quad=$$
$$25 \quad\quad 2$$

$$18 - 11 = 7$$
$$|\quad\quad|$$
$$5 + 7 = 12$$
$$=\quad\quad=$$
$$13 \quad\quad 4$$

$$16 - 13 = 3$$
$$+\quad\quad+$$
$$7 + 10 = 17$$
$$=\quad\quad=$$
$$23 \quad\quad 23$$

$$19 + 4 = 23$$
$$-\qquad +$$
$$8 + 13 = 21$$
$$=\qquad =$$
$$11\qquad 17$$

$$14 + 10 = 24$$
$$+\qquad +$$
$$13 - 7 = 6$$
$$=\qquad =$$
$$27\qquad 17$$

$$9 \times 3 = 27$$
$$\times\qquad \times$$
$$4 \times 8 = 32$$
$$=\qquad =$$
$$36\qquad 24$$

$$7 \times 8 = 56$$
$$\times\qquad \times$$
$$5 \times 6 = 30$$
$$=\qquad =$$
$$35\qquad 48$$

$$6 \times 3 = 18$$
$$\times\qquad \times$$
$$4 \times 7 = 28$$
$$=\qquad =$$
$$24\qquad 21$$

$$13 \times 5 = 65$$
$$\times\qquad \times$$
$$6 \times 8 = 48$$
$$=\qquad =$$
$$78\qquad 40$$

$$21 \times 28 = 588$$
$$\times \qquad \times$$
$$3 \times 2 = 6$$
$$= \qquad =$$
$$63 \qquad 56$$

$$14 \times 18 = 252$$
$$\times \qquad \times$$
$$6 \times 12 = 72$$
$$= \qquad =$$
$$84 \qquad 216$$

$$12 \times 6 = 72$$
$$\times \qquad \times$$
$$4 \times 16 = 64$$
$$= \qquad =$$
$$48 \qquad 96$$

$$30 \times 25 = 750$$
$$\times \qquad \times$$
$$14 \times 16 = 224$$
$$= \qquad =$$
$$420 \qquad 400$$

$$27 \times 16 = 432$$
$$\times \qquad \times$$
$$26 \times 15 = 390$$
$$= \qquad =$$
$$702 \qquad 240$$

$$12 \times 18 = 216$$
$$\times \qquad \times$$
$$16 \times 24 = 384$$
$$= \qquad =$$
$$192 \qquad 432$$

$$6 \times 8 = 48$$
$$\div \quad \div$$
$$2 \times 4 = 8$$
$$= \quad =$$
$$3 \quad 2$$

$$6 \div 3 = 2$$
$$\times \quad \times$$
$$2 \times 8 = 16$$
$$= \quad =$$
$$12 \quad 24$$

$$12 \times 20 = 240$$
$$\div \quad \times$$
$$3 \times 14 = 42$$
$$= \quad =$$
$$4 \quad 280$$

$$3 \times 28 = 84$$
$$\times \quad \div$$
$$27 \times 4 = 108$$
$$= \quad =$$
$$81 \quad 7$$

$$28 \div 14 = 2$$
$$\times \quad \div$$
$$13 \times 7 = 91$$
$$= \quad =$$
$$364 \quad 2$$

$$2 \times 3 = 6$$
$$\times \quad \times$$
$$49 \div 7 = 7$$
$$= \quad =$$
$$98 \quad 21$$

$$36 \times 50 = 1800$$
÷   ×
$$12 \div 3 = 4$$
=
3   150

$$5 \times 45 = 225$$
×   ÷
$$6 \div 3 = 2$$
=
30   15

$$39 \div 3 = 13$$
×   ×
$$21 \div 7 = 3$$
=
819   21

$$36 \div 4 = 9$$
÷   ×
$$9 \times 5 = 45$$
=
4   20

$$9 \times 2 = 18$$
÷   +
$$3 - 1 = 2$$
=
3   3

$$6 + 4 = 10$$
×   −
$$2 \div 1 = 2$$
=
12   3

$$18 - 15 = 3$$
$$\times \qquad \div$$
$$6 + 5 = 11$$
$$= \qquad =$$
$$108 \qquad 3$$

$$19 - 16 = 3$$
$$+ \qquad \div$$
$$9 \times 8 = 72$$
$$= \qquad =$$
$$28 \qquad 2$$

$$12 \div 6 = 2$$
$$- \qquad \times$$
$$7 + 9 = 16$$
$$= \qquad =$$
$$5 \qquad 54$$

$$28 \div 14 = 2$$
$$+ \qquad \times$$
$$49 - 45 = 4$$
$$= \qquad =$$
$$77 \qquad 630$$

$$50 \div 5 = 10$$
$$\times \qquad +$$
$$10 - 6 = 4$$
$$= \qquad =$$
$$500 \qquad 11$$

$$12 \times 26 = 312$$
$$+ \qquad -$$
$$49 \div 7 = 7$$
$$= \qquad =$$
$$61 \qquad 19$$

$$85 \times 40 = 3400$$

$$9 + 8 = 17$$

76   5

$$50 + 96 = 146$$

$$5 \times 6 = 30$$

45   16

高级 加法 1

$$2 + 1 + 3 = 6$$

$$5 + 4 + 6 = 15$$

7   5   9

高级 加法 2

$$3 + 1 + 8 = 12$$

$$7 + 6 + 9 = 22$$

10   7   17

高级 加法 3

$$9 + 6 + 8 = 23$$

$$4 + 1 + 2 = 7$$

13   7   10

高级 加法 4

$$5 + 1 + 9 = 15$$

$$3 + 2 + 4 = 9$$

8   3   13

加法 5

$$3 + 9 + 8 = 20$$
$$+ \quad + \quad +$$
$$6 + 7 + 4 = 17$$
$$= \quad = \quad =$$
$$9 \quad 16 \quad 12$$

加法 6

$$1 + 4 + 5 = 10$$
$$+ \quad + \quad +$$
$$3 + 8 + 2 = 13$$
$$= \quad = \quad =$$
$$4 \quad 12 \quad 7$$

加法 7

$$2 + 1 + 15 = 18$$
$$+ \quad + \quad +$$
$$5 + 3 + 19 = 27$$
$$= \quad = \quad =$$
$$7 \quad 4 \quad 34$$

加法 8

$$16 + 15 + 18 = 49$$
$$+ \quad + \quad +$$
$$20 + 17 + 19 = 56$$
$$= \quad = \quad =$$
$$36 \quad 32 \quad 37$$

高级 四则混合运算 1

$$7 \times 4 - 5 = 23$$
$$\times \quad\quad \times \quad\quad +$$
$$6 \div 3 + 2 = 4$$
$$= \quad\quad = \quad\quad =$$
$$42 \quad\quad 12 \quad\quad 7$$

高级 四则混合运算 2

$$8 \div 2 + 6 = 10$$
$$+ \quad\quad \times \quad\quad \times$$
$$7 - 5 + 3 = 5$$
$$= \quad\quad = \quad\quad =$$
$$15 \quad\quad 10 \quad\quad 18$$

高级 四则混合运算 3

$$2 \times 4 \times 8 = 64$$
$$\div \quad\quad + \quad\quad -$$
$$1 + 7 - 6 = 2$$
$$= \quad\quad = \quad\quad =$$
$$2 \quad\quad 11 \quad\quad 2$$

高级 四则混合运算 4

$$14 + 13 + 12 = 39$$
$$\times \quad\quad \times \quad\quad -$$
$$6 \div 3 + 1 = 3$$
$$= \quad\quad = \quad\quad =$$
$$84 \quad\quad 39 \quad\quad 11$$

$$6 \div 3 \times 9 = 18$$

横向为：6—5，3+4，9×2

$$5 + 4 + 2 = 11$$

$$5 = 1, \quad 4 = 7, \quad 2 = 18$$

$$18 \div 9 + 2 = 4$$

$$19 + 7 + 1 = 27$$

$$19 = 342, \quad 7 = 63, \quad 1 = 2$$

$$6 \times 17 \div 3 = 34$$

$$4 + 2 - 1 = 5$$

$$4 = 10, \quad 2 = 34, \quad 1 = 2$$

$$19 \times 1 - 11 = 8$$

$$10 \div 5 + 14 = 16$$

$$10 = 190, \quad 5 = 6, \quad 14 = 154$$